Bilal Faruqui

# Companhia aérea low-cost: Ryanair vs Easyjet

**Bilal Faruqui**

# Companhia aérea low-cost: Ryanair vs Easyjet

## Análise económica e financeira para o exercício de 2010-2012

**ScienciaScripts**

**Imprint**

Any brand names and product names mentioned in this book are subject to trademark, brand or patent protection and are trademarks or registered trademarks of their respective holders. The use of brand names, product names, common names, trade names, product descriptions etc. even without a particular marking in this work is in no way to be construed to mean that such names may be regarded as unrestricted in respect of trademark and brand protection legislation and could thus be used by anyone.

Cover image: www.ingimage.com

This book is a translation from the original published under ISBN 978-3-659-87070-5.

Publisher:
Sciencia Scripts
is a trademark of
Dodo Books Indian Ocean Ltd. and OmniScriptum S.R.L publishing group

120 High Road, East Finchley, London, N2 9ED, United Kingdom
Str. Armeneasca 28/1, office 1, Chisinau MD-2012, Republic of Moldova, Europe
Managing Directors: Ieva Konstantinova, Victoria Ursu
info@omniscriptum.com

Printed at: see last page
**ISBN: 978-620-8-40561-8**

## ÍNDICE DE CONTEÚDOS:

CAPÍTULO 1

**ABORDAGEM GLOBAL DA INVESTIGAÇÃO E OBJECTIVOS DO PROJECTO**

## ANÁLISE GLOBAL DA AVIAÇÃO

O sector da aviação mundial está a atravessar uma fase de consolidação, com fusões e aquisições substanciais, sobretudo no Ocidente, para aumentar a capacidade e as sinergias.

O impacto da recessão no sector da aviação é mais profundo do que em qualquer outro sector, uma vez que as perspectivas do sector estão a mudar e as fusões na Europa não são apenas substanciais, mas também importantes. Os factores que contribuem para esta recessão no sector da aviação da zona euro são os impostos elevados, a ineficiência das infra-estruturas de gestão do tráfego aéreo e as restrições regulamentares.

Pode ser explicado:

- Em junho de 2012, a IATA previu uma perda de 1,1 mil milhões de dólares, agora revista para uma perda de 1,2 mil milhões de dólares. "Não é só a economia da zona euro que está a enfraquecer, as condições económicas europeias são muito hostis para fazer negócios - regulamentos rígidos, impostos elevados, capacidade insuficiente em aeroportos de alta altitude e o sistema de gestão do tráfego aéreo precisa urgentemente de ser transformado", Sr. Tyler Diretor-Geral (IATA) - (Centre for Aviation-Online, 2013)

- O sector das companhias aéreas está a evoluir como nunca antes e as velhas categorias de "antigas" vs. "low cost" estão a tornar-se cada vez mais difusas. O conceito de fidelidade do cliente a uma marca está a tornar-se obsoleto, uma vez que o serviço atualmente oferecido pelas transportadoras de baixo custo e pelas transportadoras tradicionais é mais ou menos o mesmo. O preço tornou-se o fator-chave para os clientes quando se trata de escolher um voo de curta distância." James Stamp Sócio da KPMG e da Equipa Global de Aviação.

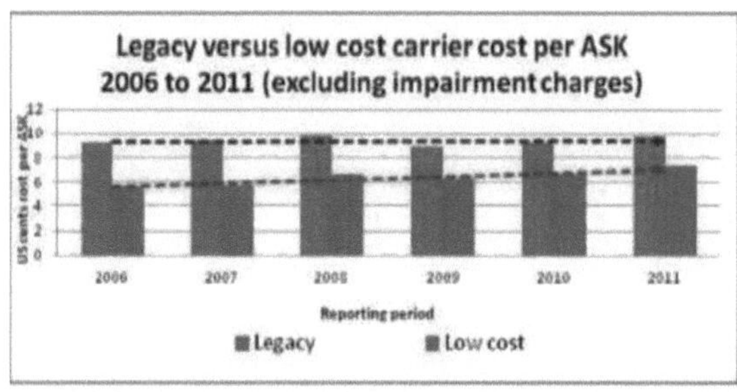


Fonte: Site Corporativo da KPMG - Online, 2013

Alargar a minha visão à indústria global da aviação e procurar quem são os poderosos ganhadores na recessão económica, a indústria dos transportes hoje em dia no mundo onde temos um avião a jato de 5 estrelas e uma companhia aérea de baixo orçamento, o que muda todo o cenário empresarial para a indústria onde o custo fixo é imenso, a sobrevivência de um novo participante é provável, o risco da indústria é sempre elevado, as companhias aéreas de baixo orçamento hoje em dia fornecem uma verdadeira inovação, o criador de tendências de um modelo empresarial bem sucedido, provando que todos os riscos à parte, as empresas ainda podem ganhar dinheiro se tivermos uma grande ideia de negócio, que não só cresceria, mas também seria rentável. Para este trabalho de projeto, decidi escolher o sector das companhias aéreas.

**Assunto: Caso: RyanAir**

A Ryanair aumentou com sucesso a sua quota de mercado no sector dos transportes aéreos, fornecendo aos seus passageiros todos os serviços essenciais ao preço mais baixo. Constituída em 1984, a Ryanair Limited começou a introduzir um modelo operacional de tarifas baixas sob a direção de uma nova equipa de gestão no início da década de 1990. A receita chave do sucesso das companhias aéreas foi a sua gestão de topo Michal O'Leary Ryanair esteve lá como primeiro público (depois de se tornar listado) CEO ainda está em serviço, o fator chave de sucesso para essas companhias aéreas se tornarem gigantes sobre concorrentes rígidos como Easyjet, British Airways, Virgin Atlantic Airways ainda compromisso de gestão de topo tornou-os resistentes sobre outros em uma indústria onde a sobrevivência é por sorte ou dificuldades

A Ryanair tem-se caracterizado por uma rápida expansão, devido à desregulamentação do sector da aviação na Europa e à concretização do seu modelo de negócio de baixo custo. A expansão da União Europeia em 1 de maio de 2004 abriu novas rotas para a Ryanair.

As novas bases aumentaram o crescimento do número de passageiros e tornaram a Ryanair a maior companhia aérea nas rotas europeias. Em 2011, a Ryanair foi classificada como a número 1 em termos de passageiros internacionais regulares.

"A Ryanair lançou com sucesso as suas novas bases em Manchester, Wroclaw, Baden-Baden, Billund, Palma, Paphos e Budapeste no ano fiscal de 2012, à medida que a pressão da recessão continua, uma nova base é adicionada em Budapeste com o encerramento de Malev, e uma expansão significativa das operações em Barcelona e Madrid após o encerramento da Spainair.

A Ryanair tem um balanço sólido (atualmente detém cerca de 3,8 mil milhões de euros (em dinheiro, 5 mil milhões de dólares), os custos mais baixos e um modelo de negócio sólido e sustentável.

A Ryanair recebeu 75.8 milhões de passageiros a bordo, no ano passado, a uma tarifa média de apenas €45 ($60). Os passageiros pouparam uma média de €7.6 biliões ($10.13 biliões) em relação às elevadas tarifas cobradas pelos nossos concorrentes/'(Relatório Anual da Ryanair - Relatório do Presidente, 2012)

## COTAÇÃO DAS ACÇÕES DA RYANAIR HOLDING PLC.

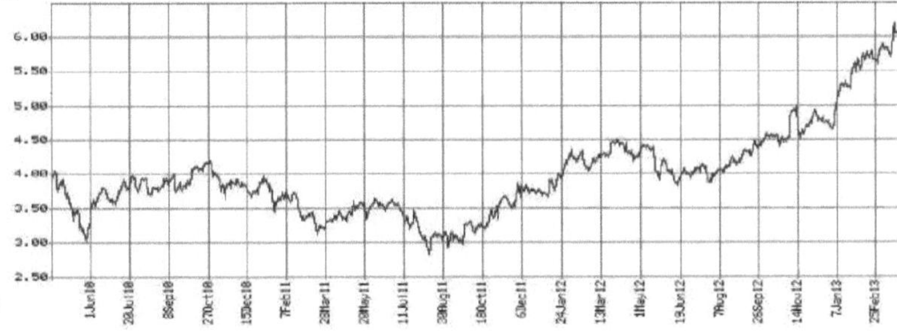

(Fonte: Ise-Online, 2013)

| Project Objectives | Research Questions |
| --- | --- |
| **Undertake a business & Financial analysis of Ryanair for the three year period ended 31st March 2012.** | Key factors affecting the Global Aviation Industry, How Ryanair has overcome this problem? |
| | How have competitors to the business model of Ryanair i.e. other airlines fared over the same period? |
| | How Ryanair has focused on key elements fulfilling the customer demands keeping control over its expenses? |
| | How has economic and industry factors effected the Ryanair's image in order to reduce its cost? |
| | What are the future financial as well as non-financial prospects of the Ryanair's business? |
| | Use the information generated above and test it through a business appraisal of     the airline & check results of the analysis against other airlines |
| **Make Conclusions and Recommend Accordingly for wider public benefit.** | Conclusion & recommendation for any further improvements of standardization and adaptability. |

# CAPÍTULO 2

## RECOLHA DE INFORMAÇÕES E ESCOLHA DE TÉCNICAS DE ANÁLISE ECONÓMICA E FINANCEIRA

### ABORDAGEM GLOBAL DA INVESTIGAÇÃO

A fase de recolha de informações é parte integrante dos dados em que se baseia a análise, as conclusões e as recomendações. Em suma, se a qualidade dos dados de amostragem não for boa, será difícil assumir que a análise conduzirá a conclusões improdutivas e a recomendações sem sentido. Por conseguinte, a recolha de informações deve ser um exercício proactivo.

Para o efeito, o autor dividiu o relatório em duas fases fundamentais de investigação:
1. Fase de investigação primária
2. Fase de investigação secundária

A fase de investigação primária consiste em entrevistas com amigos, colegas e profissionais de topo que trabalham na Autoridade da Aviação Civil do Paquistão, na indústria da aviação ou que estão bem informados sobre a indústria da aviação mundial ou numa perspetiva local. Tendo em conta que as entrevistas permitiram obter um ponto de vista global sobre a indústria da aviação, mas não revelaram nada de extraordinário em comparação com a informação secundária disponível (no parágrafo seguinte), conseguiram proporcionar uma visão global da indústria para uma compreensão aprofundada das questões envolvidas, bem como da incerteza económica global enfrentada.

Por outro lado, a fase de investigação secundária requer a análise dos relatórios anuais da empresa e dos seus concorrentes, com base nos quais o autor efectuará toda a análise comercial e financeira.

As notícias relacionadas com a indústria disponibilizadas através de numerosas fontes, nomeadamente a imprensa e a cobertura dos analistas da bolsa, conseguem dar uma visão de 360° do desempenho da indústria. Os livros ajudaram a fornecer os conhecimentos teóricos de base do projeto e ajudaram em áreas como os problemas enfrentados e a forma como foram resolvidos.

A recolha de informações exige ceticismo e um olhar atento a todos os eventos, a informação actualizada e o conhecimento relevante são o objetivo central deste RAP para realizar uma análise e chegar a uma conclusão. As fontes de informação utilizadas na preparação do RAP são mencionadas abaixo.

**Os sítios Web oficiais** são uma fonte integral de informações relacionadas com a empresa e com a forma como esta desenvolve a sua atividade, incluindo informações sobre a história da empresa, as suas perspectivas futuras e o seu reconhecimento junto de organismos nacionais e internacionais, relatórios anuais, relatórios trimestrais não auditados e perspectivas de investimento.

**Os recursos em linha**, que são um mundo infinito de informações, conhecimentos e pontos de vista, disponibilizaram todas as informações, dados e análises relevantes com facilidade e flexibilidade para a fase de investigação secundária e disponibilizaram todas as informações e análises relevantes, a recolha de informações a custo zero e de uma forma muito engenhosa, o que constitui um mundo totalmente novo a explorar, como é fácil de dizer.

**Relatório anual:** As informações financeiras referem-se às demonstrações financeiras auditadas / ao relatório anual da empresa, enquanto as informações comerciais estão mais orientadas para a estratégia da empresa, os principais rácios, os indicadores-chave de desempenho, o desempenho em comparação com o sector e os concorrentes, etc. As revistas e publicações em linha alargaram os meus conhecimentos sobre o sector da aviação e sobre a Ryanair em questão, ampliando a minha esfera de ação.

Vale a pena mencionar que, em grande medida, a informação que obtive através das minhas demonstrações financeiras, da análise e pesquisa online, ajudou-me a compreender melhor as demonstrações financeiras. Ao mesmo tempo, muitas das afirmações da informação primária recolhida no meu processo de análise foram comprovadas através de fontes de dados secundárias. Isto permitiu-me manter o conjunto final de informações tão factual quanto possível.

Os livros da ACCA são vitais para o meu conhecimento do negócio, os livros da ACCA foram uma mina de tesouro, impulsionaram a minha base de conhecimentos. Os livros abrangem rácios, interpretação da análise financeira e análise do modelo de negócio. Inclui especificamente os manuais ACCA Financial Reporting F7, Corporate Reporting P2.

**Outras fontes:** O projeto de investigação envolve sempre a adoção de uma perspetiva mais ampla, outras fontes envolvem organizações como a Associação Internacional de Transportes Aéreos (IATA), Autoridades Reguladoras, e o Website de Investigação fornece Estatísticas da Aviação e Relatórios de Investigação e Blogs sobre a Indústria da Aviação.

## TÉCNICAS COMERCIAIS E CONTABILÍSTICAS UTILIZADAS:

**A análise de rácios** é utilizada para formar a base fundamental de uma análise. É uma ferramenta integral para as demonstrações financeiras das empresas. A análise ao longo do tempo e em relação aos concorrentes, abrangendo as principais áreas de vendas, rentabilidade, estrutura de custos e rácios de liquidez e solvabilidade, é comparada com a referência do sector da aviação mundial e com os exercícios financeiros anteriores para uma análise significativa. Os rácios são utilizados fundamentalmente para a tomada de decisões. (Livro de texto BPP, 2010)

## LIMITAÇÕES:

- Os rácios baseiam-se na análise de informações passadas que podem não refletir o desempenho futuro da empresa.
- Limitações intrínsecas, como a "window dressing" ou a contabilidade criativa, obscurecerão o resultado da análise do rácio
- As discrepâncias nas técnicas contabilísticas ou na norma contabilística conduziriam a uma análise dos rácios que não é comparável.
- A análise de rácios fornece critérios de tomada de decisão significativos apenas para actividades expressas em termos monetários e não incorpora factores qualitativos que afectam o desempenho da empresa, como o nível de motivação dos trabalhadores.
- O impacto da inflação é ignorado. Por conseguinte, a comparabilidade dos rácios ao longo do tempo torna-se obscura.(BPP text book, 2010)

## TÉCNICAS DE ANÁLISE ECONÓMICA:

Assim, enquanto o segmento de análise financeira explicaria idealmente o sucesso financeiro da empresa e a razão que lhe é atribuída, o fator seguinte discutido sobre a estratégia da empresa seria testado utilizando os vários modelos de determinação da fonte de vantagem competitiva, com a análise SWOT a preceder quaisquer recomendações, ou seja, actuando como uma conclusão ou apresentação de resultados.

| Tool Used | Description |
|---|---|
| **Porter's Generic Strategies** | Porter Generic's described as Cost Leadership Differentiation & Market Segmentation.<br><br>The scope of market segmentation is Relatively narrow as compared to Cost leadership & Differentiation as organization could adopt multiple generics. (Boundless-Online, 2013) |
| **Porter's Five Forces Analysis** | To understand industry structure and the competitive forces at play determining the position of the firm vis a vis the industry (Boundless-Online, 2013) |
| **SWOT Analysis** | To present findings of the analysis based on internal and external traits of the subject company (Yourbusiness-Online, 2013) |

## LIMITAÇÕES

As técnicas de análise empresarial não conseguem dar uma resposta exaustiva e funcionam como simples regras de orientação, com demasiados modelos a serem comparados com outros, baseados em premissas e abordagens totalmente diferentes para responder à mesma pergunta. Além disso, muitos carecem de poder de previsão e são susceptíveis de erro por parte do analista, caso este não considere todos os elementos como parte da sua análise (BPP text book, 2010).

## CONSIDERAÇÃO ÉTICA

Ao preparar este RAP, é fundamental ter em conta as considerações éticas. A objetividade foi vitalmente enfatizada, pois qualquer análise feita não deve envolver parcialidade ou manipulação pessoal. As informações provenientes de qualquer outra fonte que não o relatório anual são devidamente referenciadas com autenticidade e todas as medidas para recolher informações da melhor forma possível e a análise foi efectuada de forma indecente, sem qualquer parcialidade. O objetivo do RAP é académico, sem qualquer interesse pessoal ou financeiro.

## CONSIDERAÇÃO DO AUTOR AO REDIGIR O RELATÓRIO

A fim de tornar o RAP estável, claro e simples na sua linguagem, é apresentado um resumo dos rácios técnicos para facilitar a minimização do uso de atributos técnicos do sector da aviação para simplificar a compreensão do leitor.

# CAPÍTULO 3

## RESULTADOS, ANÁLISE, CONCLUSÕES E RECOMENDAÇÕES

Para efeitos de comparação no âmbito da análise dos rácios, os rácios da Ryanair foram comparados com os da Easy Jet.

## ANÁLISE DA EVOLUÇÃO DAS RECEITAS

A análise horizontal (tendência) mede a mudança num determinado item de linha em relação aos anos anteriores. (Kaplan ACCA Textbook, 2012)

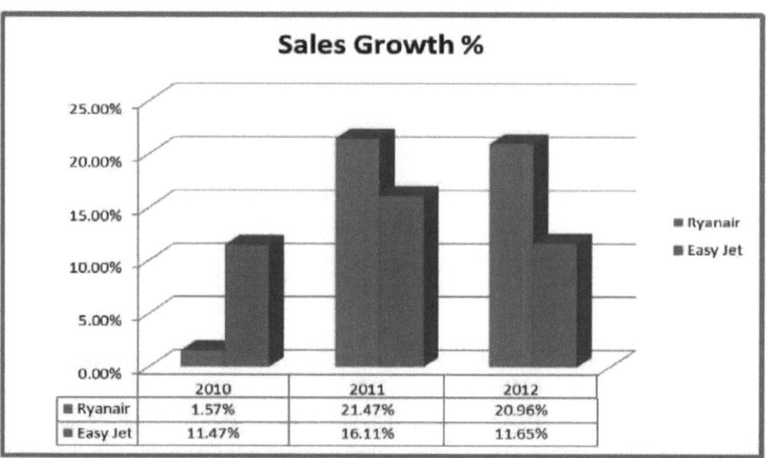


(Relatório Anual - Retificação 2010, 2011 e 2012)

A Ryanair opera como uma companhia aérea de baixo custo e as vendas no ano fiscal de 2012 foram de 5.854 milhões de dólares, o que representa um aumento de 20,96% em relação ao ano fiscal anterior de 2011, mas foi muito mais resistente do que a concorrente Easyjet, que registou uma queda de 11,65% e de 5,35% no ano fiscal de 2012, o que demonstra o domínio da Ryanair no céu europeu.

As receitas aumentaram no exercício de 2010 em 61,47 milhões de dólares em comparação com 2009, no exercício de 2011 aumentaram 855,24 milhões de dólares em comparação com o exercício de 2010 e 1014,32 milhões de dólares em comparação com as receitas de 2011.

O maior aumento das receitas em 2011 e 2012 deve-se ao aumento do número de passageiros que viajam em classe económica na Europa.

## MARGEM EBITDAR

O EBITDAR é uma medida da rentabilidade operacional da empresa em comparação com as suas operações (Investopedia-Online, 2013).

(Relatório Anual da Ryanair - Retificação 2010, 2011 e 2012)

## RECEITA PASSAGEIRO-MILHA

O número de passageiros que pagam efetivamente pelas milhas que viajam aumentou significativamente no ano fiscal de 2011, em 16%, e agora está em 10% no ano fiscal de 2012, o que é de facto significativo, pois significa que o número de novos passageiros adicionados à lista que viajam através da Ryanair aumentou o número de lugares-milha disponíveis, à medida que o número de aviões aumentou ao longo do ano.

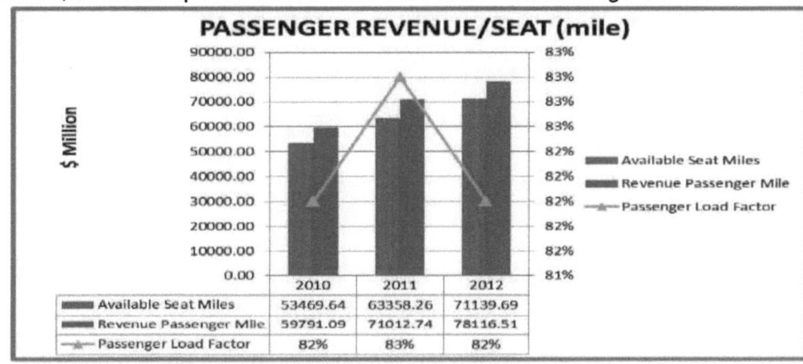

(Relatório Anual da Ryanair - Retificação 2010, 2011&2012)

## O NÚMERO DE LUGARES DISPONÍVEIS

O lugar-milha disponível é uma medida da capacidade de transporte de passageiros de um voo de uma companhia aérea. É igual ao número de lugares disponíveis multiplicado pelo número de milhas ou quilómetros percorridos. Um lugar-milha disponível é a unidade fundamental de produção de uma companhia aérea de transporte de passageiros. (Aviation Glossary-Online, 2013)

A expansão da capacidade da companhia aérea é bastante resistente em termos gerais, cada componente cresceu em factores-chave como o número de aeronaves, o número de passageiros, uma vez que no ano fiscal de 2010 a dimensão da frota aumentou em 18 Boeing 737-800, o que foi, de facto, bastante ousado, uma vez que a Ryanair enfrentou a sua primeira perda no ano fiscal anterior, mas a Ryanair conseguiu que o seu Fator de Carga de Passageiros fosse de 82%, o que mostra a resiliência da Companhia Aérea para gerir a sua capacidade e base de clientes

No ano fiscal de 2011, a capacidade de passageiros aumentou 18,5%, com a adição de 40 Boeing 737-800, o que mostra um desempenho extra, uma vez que o Fator de Carga de Passageiros subiu 1% em relação ao ano anterior de 2010. No ano fiscal de 2012, o ASM aumentou 12,3%, com a entrada de 22 Boeing 737-800 na frota, o que está em linha com o Fator de Carga de Passageiros de 82%, o que significa que a Ryanair não está apenas a gastar a capacidade das suas transportadoras, mas também a sua base de clientes (Relatório Anual da Ryanair - Versão revista de 2012).

## RECEITAS ACESSÓRIAS

Receitas acessórias da Ryanair provenientes de serviços não relacionados com voos regulares, operações, vendas a bordo e serviços relacionados com a Internet. (Ryanair-Online, 2013)

Assim, a melhoria da ideia comercial das companhias aéreas de obterem receitas sobre os serviços utilizados (Nofrills) pelo passageiro durante a sua viagem, criou novas oportunidades para as companhias aéreas obterem receitas e para os passageiros escolherem de acordo com o seu orçamento.

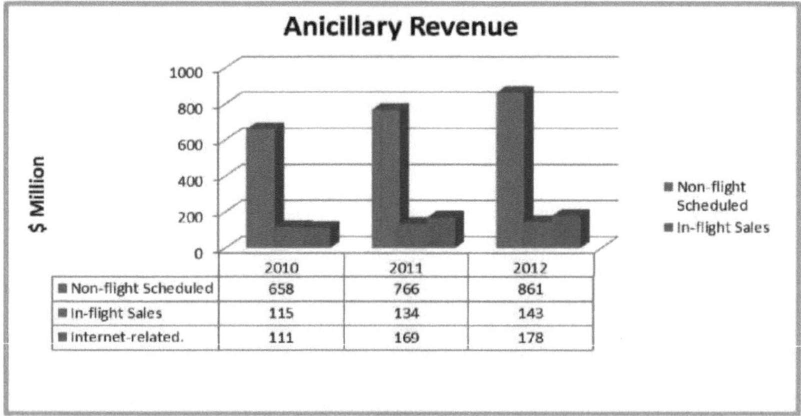


| | 2010 | 2011 | 2012 |
|---|---|---|---|
| Non-flight Scheduled | 658 | 766 | 861 |
| In-flight Sales | 115 | 134 | 143 |
| Internet-related. | 111 | 169 | 178 |

(Relatório Anual - Retificação 2010, 2011 e 2012)

As principais receitas operacionais foram geradas a partir do horário não-voo, enquanto que as vendas a bordo e as vendas relacionadas com a Internet dominaram os gráficos, uma vez que representam cerca de 71% dos três anos anteriores, as receitas registadas foram de 861 milhões de dólares, 766 milhões de dólares e 658 milhões de dólares.

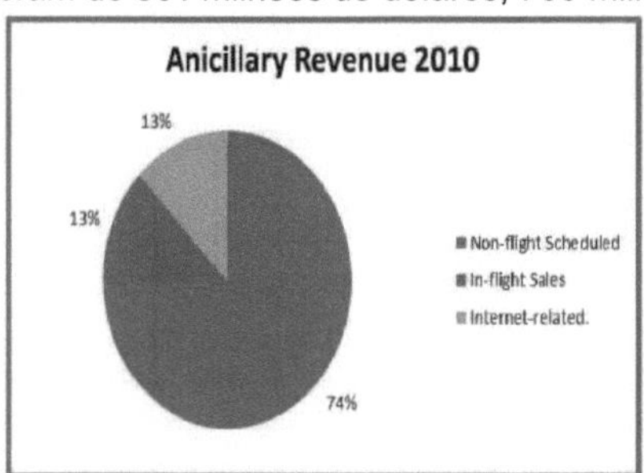


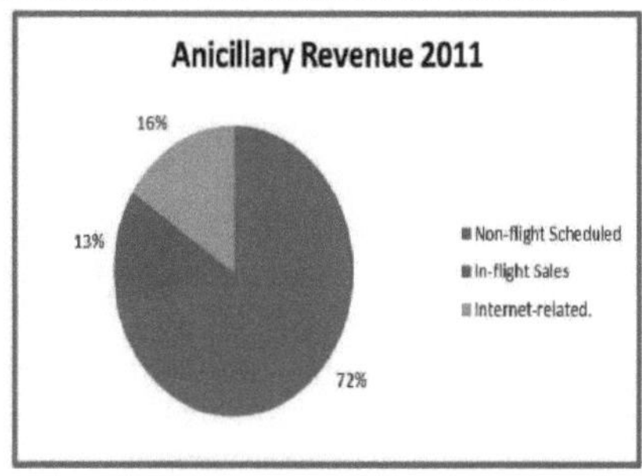


No ano fiscal de 2010, as receitas acessórias da companhia aérea foram de 884 milhões de dólares. Esta foi uma melhoria notável da Ryanair, que regressou à zona de lucro logo após ter registado o seu primeiro prejuízo histórico no exercício de 2009. As áreas de receitas, em termos percentuais, foram as seguintes: 74% - Não voos regulares 13% - Vendas a bordo 13% - Relacionadas com a Internet. (Relatório anual da Ryanair, 2011)

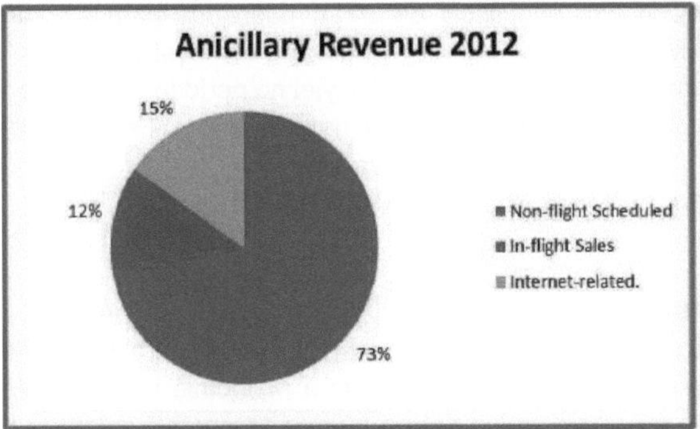


O fator global das receitas continua, de facto, a depender das receitas dos voos não regulares, que ascendem a 766 milhões de dólares.

No atual exercício de 2012, as receitas acessórias ascenderam a 1182 milhões de dólares, o que corresponde a um crescimento de 10% em relação ao ano anterior, sendo que a principal base de receitas permaneceu inalterada, o que demonstra o potencial de crescimento e de prosperidade da companhia aérea.

## RENDIMENTO DOS PASSAGEIROS

Medida da tarifa média cobrada por milha, por passageiro, calculada dividindo as receitas dos passageiros pelas milhas percorridas pelos passageiros, é uma medida útil para avaliar as alterações das tarifas ao longo do ano.(Avationglossary-Online2013)

A Ryanair acredita que o baixo custo pode ser visivelmente visto sobre o seu concorrente Easyjet, o Passsanger Yeild mostrou uma tarifa média cobrada cerca de mais de 100% nos períodos em análise. A tarifa média da Ryanair é de 32 euros, o que é menos de metade do concorrente Easyjet.

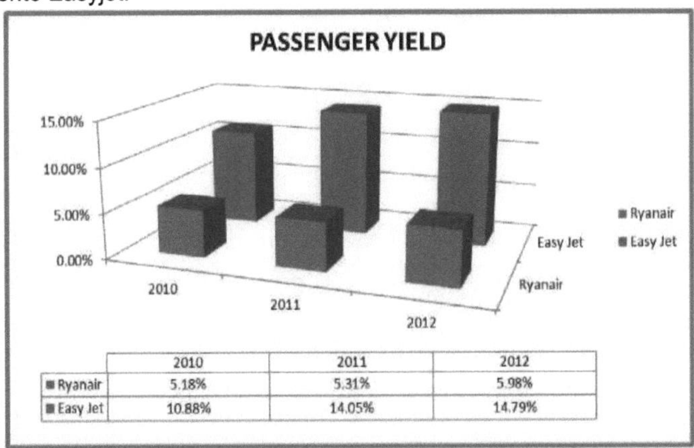


| | 2010 | 2011 | 2012 |
|---|---|---|---|
| Ryanair | 5.18% | 5.31% | 5.98% |
| Easy Jet | 10.88% | 14.05% | 14.79% |

(Relatório Anual - Retificação 2010, 2011 e 2012)

No ano fiscal de 2010, a tarifa média foi reduzida em 13% em comparação com o ano fiscal anterior de 2009, para 35 euros/$47.

No ano fiscal de 2011, a tarifa média aumentou 12% em relação ao ano fiscal de 2010, passando para 39 euros / 52 dólares americanos. No ano fiscal de 2012, aumentou ainda mais 16% em relação ao ano fiscal de 2011, passando para 45 euros / 60 dólares americanos, para fazer face ao aumento do custo do combustível.

Por outro lado, a tarifa média cobrada pela Easyjet no período em análise foi de 96 dólares no ano fiscal de 2010, 100 dólares e 104 dólares nos anos fiscais de 2011 e 2012, respetivamente.

(Relatório Anual da Ryanair-Restated, 2010 2011 & 2012)

## COMBUSTÍVEL
## CUSTO DO COMBUSTÍVEL:

A descida dos preços do combustível é, de facto, bem-vinda para a indústria dos transportes aéreos, mas a preocupação crescente de que a economia mundial entre numa fase de recessão económica é mais prejudicial do que os preços elevados do combustível. Isto resultará na redução das receitas, bem como dos preços dos combustíveis, uma vez que a economia está em fase de recessão. (The Economist-Online, 2013)

## RELAÇÃO ENTRE AS RECEITAS E O CUSTO DO COMBUSTÍVEL:

A Ryanair conseguiu gerir com sucesso o impacto dos aumentos dos preços dos combustíveis; durante o período em que os preços dos combustíveis atingiram níveis recorde, conseguiu manter a sua margem EBITDAR, uma vez que não se registou qualquer flutuação significativa na margem EBITDAR.

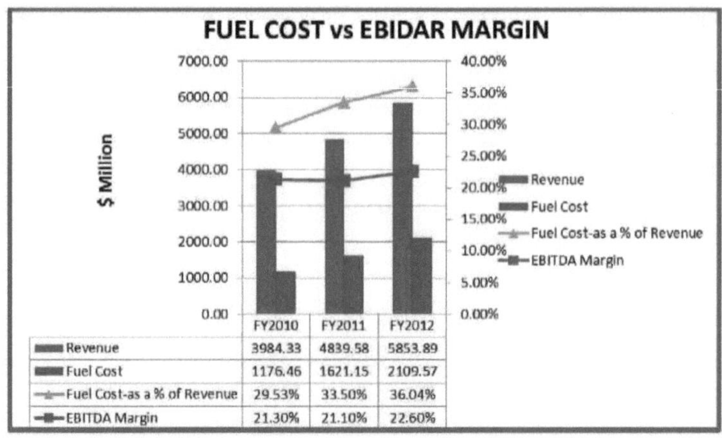


| | FY2010 | FY2011 | FY2012 |
|---|---|---|---|
| Revenue | 3984.33 | 4839.58 | 5853.89 |
| Fuel Cost | 1176.46 | 1621.15 | 2109.57 |
| Fuel Cost-as a % of Revenue | 29.53% | 33.50% | 36.04% |
| EBITDA Margin | 21.30% | 21.10% | 22.60% |

(Relatório Anual - Retificação 2010, 2011 e 2012)

O custo do combustível representa 36,04% das receitas totais da Ryanair em 2012 e 33,50% em 2011. Uma vez que o custo do combustível corresponde a 33% das receitas totais da média da indústria em 2012 e a 30% em 2011, podemos afirmar que a empresa não está a controlar eficazmente o seu custo do combustível, dado o aumento de 3,04% do custo do combustível no ano fiscal de 2012 e de 3,50% no ano fiscal de 2011, em comparação com a média da indústria.

## CUSTO DO COMBUSTÍVEL E COBERTURA DE RISCOS:

O custo do combustível representou 43% do custo operacional total da Ryanair no ano fiscal de 2012 e 39% no ano fiscal de 2011. Estima-se que o custo do combustível tenha aumentado 4%, ou seja, 43% de 39% do custo operacional total em comparação com o exercício de 2011, ou um aumento de 10,3% do custo total do combustível no exercício de 2011. Se esta tendência se mantiver, parece que a empresa pode vir a registar perdas relacionadas com o custo do combustível num futuro previsível. Este aumento deve-se também ao aumento dos preços dos combustíveis, que passaram de 2 dólares por galão para 3 dólares por galão (taxa de câmbio 1,00 euros / 1,3334 dólares), o que significa um aumento de 1 dólar por galão.

Em 27 de julho de 2012, a Ryanair tinha celebrado contratos a prazo de jet fuel (querosene de aviação) que cobriam 90% das suas necessidades cobertas para o ano fiscal de 2013, a pouco mais de 100 dólares por barril, e enfrentava um aumento adicional de 320/$426 milhões de euros na fatura de combustível da companhia, um aumento total em 2 anos de 687/$916 milhões de euros. Como os custos de combustível da Ryanair são expressos em euros, qualquer aumento do preço do combustível em dólares americanos afectaria o seu controlo de custos. Por conseguinte, a Ryanair celebrou também contratos a prazo em moeda estrangeira para se proteger contra as flutuações cambiais.

A Ryanair tem assistido a uma tendência de subida dos preços do petróleo e do combustível para aviões a jato (jet kerosene), pelo que cobriu os preços a 100 dólares por barril para o exercício de 2013. Embora a empresa considere que o preço do petróleo e do combustível irá aumentar no futuro, foi por isso que cobriu os preços do combustível num futuro próximo, mas como o diretor-geral, Tony Tyler, da Associação Internacional dos Transportes Aéreos (IATA) estimou que os preços do combustível irão baixar no futuro, e se isso acontecer, a empresa terá de suportar a perda devido ao contrato de cobertura a prazo que é válido até 31 de março de 2014.

(The Economist-Online, 2013)

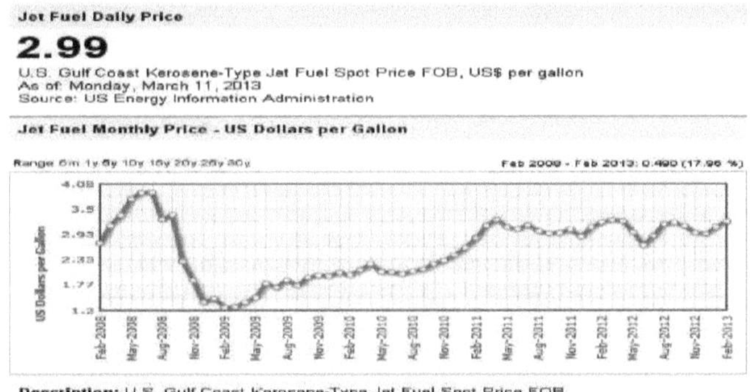


(Investmundi-Online, 2013)

A Investmundi tinha igualmente apresentado dados sobre a descida dos preços dos combustíveis. Por estes motivos, a cobertura através de contratos a prazo de jet fuel (jet kerosene) é questionável.

## CONSUMO DE COMBUSTÍVEL:

| Year(s) | 2010 | 2011 | 2012 |
|---|---|---|---|
| Scheduled fuel consumption (millions of U.S. gallons | 582.5 | 692.2 | 762.5 |
| Total scheduled fuel costs (a) ($ millions) | 1,176 | 1,621 | 2,110 |
| Cost US $ per gallon | 2 | 2 | 3 |
| Total scheduled fuel costs as a percentage of total operating costs | 34.1% | 38.7% | 42.7% |

(Relatório Anual da Ryanair - Retificação, 2012)

## RENDAS DE ALUGUER E CUSTOS DE MANUTENÇÃO, MATERIAL E REPARAÇÃO LOCAÇÃO OPERACIONAL ASSOCIADA A TAXAS DE JURO VARIÁVEIS E FIXAS:

| No of Plane | Rental Payment | Linked-to |
|---|---|---|
| 2 | Variable | EURIBOR |
| 30 | Fixed | EURIBOR |
| 27 | Variable | LIBOUR |

(Relatório Anual da Ryanair - Retificação, 2012)

A empresa financiou as suas 59 aeronaves em regime de locação operacional, das quais 30 aeronaves estão sujeitas a um pagamento fixo de aluguer.

## LOCAÇÃO OPERACIONAL LIGADA A PAGAMENTOS FIXOS DE ALUGUER:

| Contractual Obligations | Total | Less than 1 Year | 1-2 Years | 2-5 Years | After 5Years |
|---|---|---|---|---|---|
| Operating Lease Obligations($m) | 807.90706 | 156 | 66 | 371 | 214.54406 |

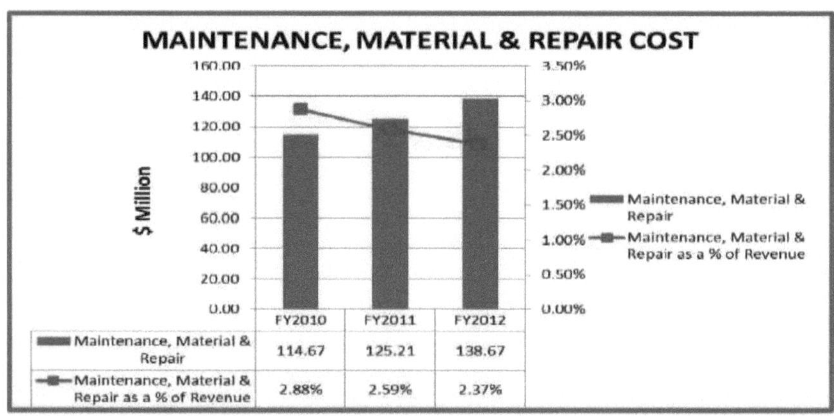



| | FY2010 | FY2011 | FY2012 |
|---|---|---|---|
| Maintenance, Material & Repair | 114.67 | 125.21 | 138.67 |
| Maintenance, Material & Repair as a % of Revenue | 2.88% | 2.59% | 2.37% |

(Relatório Anual - Retificação 2010, 2011 e 2012)

14

Os custos de manutenção e reparação da Ryan Air estão a diminuir devido à subcontratação do serviço de revisão de motores à General Electric Engine Services no âmbito de um contrato de 10 anos para os seus aviões Boeing 737-800, com opção de prorrogação por mais 10 anos. Este contrato global de manutenção prevê a reparação e revisão geral dos motores das aeronaves, bem como a reparação de peças e apoio técnico geral para a frota de motores. (Relatório Anual da Ryanair, 2012)

## FINANCIAMENTO DA DÍVIDA A LONGO PRAZO

A Ryanair tinha financiado 30 dos aviões Boeing 737-800 entregues em 2005 e 2012 em regime de locação financeira com garantias bancárias do Ex-Im Bank para 14 aviões em regime de empréstimo e 11 aviões em regime de sale-and-leaseback.

| Long Term Debt | | | | | |
| --- | --- | --- | --- | --- | --- |
| Contractual Obligations | Total | Less than 1 | 1-2 years | 2-5 years | After 5 years |
| Long-term Debt ($) | 3759.12 | 423 | 437 | 1,286 | 1613.414 |

O financiamento de aeronaves Boeing 737-800 continuará a aumentar significativamente à medida que o montante total da dívida pendente da Empresa e os pagamentos são obrigados a efetuar para servir essa dívida. Prevê-se que o nível de dívida pendente diminua, no ano fiscal de 2014
(Relatório Anual da Ryanair - Retificação, 2012)
A Ryanair fez a maior encomenda europeia de sempre, de 175 Boeing 737-800, no valor de 15,6 mil milhões de dólares, com um preço de tabela de 89,1 milhões de dólares. Com os descontos para encomendas em massa, a Ryanair pagará provavelmente entre 40 e 50 milhões de dólares por cada avião. O domínio da transportadora irlandesa reforçar-se-á no mercado europeu de baixo custo, o que aumentará a frota da Ryanair em mais de 30%. (Forbes-Online, 2013)
Esta situação aumentaria efetivamente a dívida a longo prazo da Ryanair, que seria compensada pelo futuro aumento do volume de negócios dos passageiros

## ANÁLISE DE DESEMPENHO

| Increase of Various Elements in % | | | |
| --- | --- | --- | --- |
| | FY 2010 | FY 2011 | FY 2012 |
| Increase In No. of Planes | 28.18% | 17.24% | 8.09% |
| Increase In No. of Passengers | 13.48% | 8.42% | 5.13% |
| Increase in ASM per year | 13.52% | 18.49% | 12.30% |
| Increase in RPM per year | 14.38% | 18.80% | 10.00% |

A Ryanair continua a adquirir novos aviões, como se pode ver no quadro acima. Prevê-se igualmente que a empresa venha a dispor de 305 aviões no exercício de 2013. O aumento do número de aviões mostra o impacto positivo na empresa, uma vez que o número de passageiros também está a aumentar e a empresa previu que irá prestar serviços aéreos a 79 milhões de passageiros no AF2013 e prevê um aumento de 100 milhões de passageiros até 2018. Devido a isto, a Ryanair conseguiu aumentar os lugares disponíveis por milha em 18,49% no AF2011 em comparação com os lugares disponíveis por milha no AF 2010 e aumentou 12,3% no AF 2012 em comparação com o AF2011. O facto de, devido ao aumento do ASM, a sua receita de passageiros por milha também ter aumentado 18,8% no AF2011 com o RPM do AF2010 e 10% no AF2012 com o RPM do AF2011. Esta tendência crescente mostra que a empresa está a ter um bom desempenho no seu sector relevante e, também devido a estes factores, a empresa poderá gerar lucros mais elevados num futuro próximo.

## RÁCIOS DE RENTABILIDADE
## MARGEM DE LUCRO OPERACIONAL

A resiliência da Ryanair, que se concentrou no crescimento ao longo dos anos, tem sido evidente ao longo dos anos, uma vez que em 2010 a companhia aérea registou um lucro operacional de 13,16%, logo após o ano em que registou a sua primeira perda na história, em 2009, em resultado da recessão internacional

|  | 2010 | 2011 | 2012 |
| --- | --- | --- | --- |
| Global | 4% | 3% | 2% |
| Ryanair | 13.46% | 13.45% | 15.56% |
| Easy Jet | 5.85% | 7.79% | 8.59% |

(Relatório Anual - Retificação 2010, 2011 e 2012)

No ano fiscal de 2011, a margem de lucro operacional foi recorde para a Ryanair em relação à Easyjet e a Global Aviation Industry foi cerca de 2 vezes superior à da sua concorrente.
No exercício de 2012, o desempenho da Ryanair foi notável, uma vez que continuou a crescer, ao passo que a Easyjet, concorrente da Ryanair, voltou a crescer, o que demonstra o grande potencial da companhia aérea e o seu impacto futuro no sector da aviação europeia.

## MARGEM DE LUCRO LÍQUIDO
A Ryanair provou ser altamente resistente ao seu desempenho, mesmo depois de ter tido a sua primeira perda no ano fiscal de 2009, recuperando de forma notável com uma

margem de lucro líquido de 10,22% no ano fiscal de 2010, que inclui todos os riscos da recessão económica europeia. O NPM das companhias aéreas globais recuperou o ímpeto em 3,5% O lucro da Ryanair para o ano fiscal de 2010-12 foi 3 vezes superior a esses retornos, mas no ano seguinte, quando o lucro de outras companhias aéreas caiu, a companhia aérea ainda foi consistente com o crescimento do NPM em 2,5% no ano fiscal de 2012.

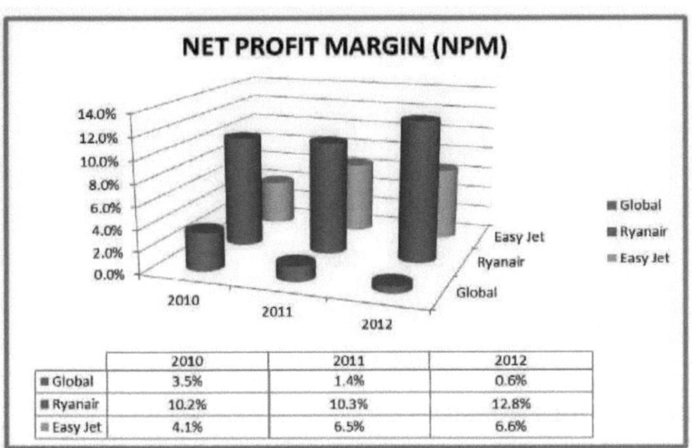


| | 2010 | 2011 | 2012 |
| --- | --- | --- | --- |
| Global | 3.5% | 1.4% | 0.6% |
| Ryanair | 10.2% | 10.3% | 12.8% |
| Easy Jet | 4.1% | 6.5% | 6.6% |

(Relatório Anual - Retificação 2010, 2011 e 2012)

No ano fiscal de 2011, o lucro líquido da Ryanair mostrou sinais de estabilidade, crescendo apenas 0,1%, enquanto os resultados da Global Aviation desceram 2,1% e a concorrente Easyjet melhorou a sua rentabilidade em 2,4% em relação ao ano fiscal de 2010.

No exercício de 2012, o lucro líquido da Ryanair não só manteve um padrão de crescimento constante, como também aumentou de forma promissora, uma vez que a aviação mundial está a enfrentar uma nova recessão, e o desempenho da Ryanair indica um crescimento mais promissor.

Na Europa, a easy jet não apresentou uma percentagem de lucro líquido de dois dígitos, o que demonstra que a Ryanair tem um sentido financeiro e comercial mais inteligente do que a Easyjet.

No entanto, o desempenho regional da Ryanair e da Easyjet tem sido superior à média geral da Europa. No atual exercício de 2012, ambas as companhias aéreas registaram lucros em relação à sua operação, tendo o mercado europeu registado uma perda de - 0,4%.

## RÁCIO DE COBERTURA DE JUROS

O rácio de cobertura de juros da Ryanair não é suficientemente competitivo em comparação com o seu concorrente, a Easyjet. Isto deve-se ao facto de a Ryanair estar a passar por uma fase de financiamento da expansão através de dívida, o que se reflecte no aumento acentuado de 17,93 vezes no AF2011 para 22,07 vezes no AF2012, em comparação com o seu concorrente Easyjet, que é bastante equilibrado no rácio de cobertura de juros nos períodos em análise, tendo apenas aumentado 3 vezes de 7,32 vezes no AF2011 para 10,53 vezes no AF2012.

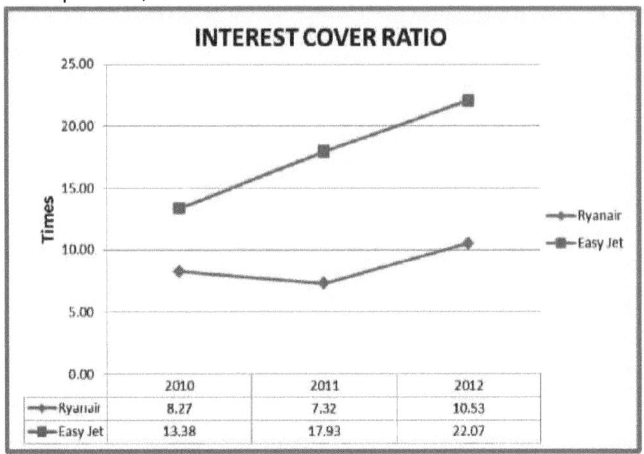


(Relatório Anual - Retificação 2010, 2011 e 2012)

## RÁCIO DÍVIDA/CAPITAL PRÓPRIO

O rácio D/E situa-se em 1,7 Xs, valor que se manteve em 1,7 Xs no início do período em análise. O rácio aumentou porque a empresa se concentrava anteriormente num modelo operacional que exigia uma mistura relativa de aeronaves alugadas e próprias. Com base na mesma premissa, foram adicionados 18 novos aviões durante o período em análise, sendo o financiamento da transação proveniente de nova dívida contraída.

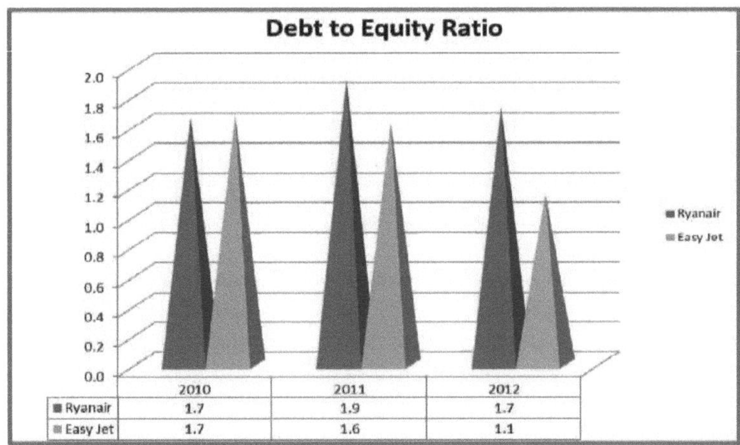


(Relatório Anual - Retificação 2010, 2011 e 2012)

É pertinente mencionar que, ultimamente, a empresa utilizou a sua posição negocial superior devido às baixas vendas de aviões Boeing, encomendando-lhes 175 aviões com o objetivo de passar a dispor de uma frota própria em grande escala. Daqui para a frente, prevê-se que a alavancagem aumente, uma vez que a empresa utiliza o crédito para financiar a aquisição de activos.

Segundo o CEO, a empresa financiaria as suas operações com fluxos de caixa gerados internamente e dívida, em vez de capitais próprios, para dar resposta ao contrato de compra de novos aviões. (Reuters-Online, 2013)

## RESULTADO POR ACÇÃO (EPS)

A recessão mundial no ano fiscal de 2009 resultou no primeiro prejuízo financeiro da história da Ryanair, mas a Ryanair regressou de forma notável aos lucros no ano fiscal de 2010, com um EPS de 28 cêntimos de dólar (aumento de 42,83 cêntimos em relação ao ano fiscal de 2009).

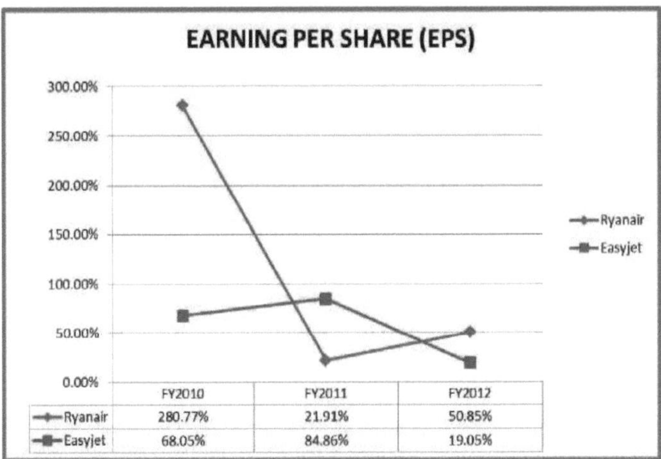


| | FY2010 | FY2011 | FY2012 |
|---|---|---|---|
| Ryanair | 280.77% | 21.91% | 50.85% |
| Easyjet | 68.05% | 84.86% | 19.05% |

(Relatório Anual - Retificação 2010, 2011 e 2012)

Por outro lado, a concorrente Easyjet registou um crescimento global nos períodos em análise nos resultados do AF2010-12. No AF2010, o EPS situou-se em 45 $'cent, ou seja, em 27 $'cent, enquanto no AF2009 e no AF 2011-12 o EPS foi de 83 $'cent e 99 $'cent, respetivamente.

## ANÁLISE DE NEGÓCIOS

À medida que a incerteza económica se fortalece, os passageiros tornam-se mais sensíveis ao preço, o que torna a situação ideal para as companhias aéreas de baixo custo, ou seja, a Ryanair é a companhia aérea preferida dos viajantes frequentes (travel lite) a uma tarifa baixa. Cerca de 40% dos passageiros da Ryanair são viajantes de negócios. A conclusão do CEO, Sr. O'Leary, é que "o baixo custo ganha **sempre**" (Uma vida em pleno voo - Alan Ruddock, 2008)

A tendência global da aviação mostra um aumento significativo dos viajantes da classe económica em relação à classe premium, especialmente na Europa, onde a economia está em recessão e os viajantes preferem a classe económica, ou seja, as companhias aéreas de baixo custo. (Centre for Aviation-Online, 2013)

(Fonte: Center for Aviation-Online, 2013)

## NORMALIZAÇÃO DAS AULAS

Uma vez que todos os passageiros viajam em classe única, não há qualquer problema em conceder descontos de última hora sobre os lugares não reservados de outras classes para cobrir outros custos variáveis sobre as outras classes, caso existam. (Ryanair-Online, 2013)

## PODER DE NEGOCIAÇÃO DA RYANAIR

Michael O'Leary afirmou na sua biografia que a marca low-cost emergente da Ryanair e o seu crescente poder de negociação com os fabricantes e a gestão dos aeroportos levaram a Ryanair a preocupar-se menos com a dimensão do mercado, com a investigação/demografia e a experimentar novas ideias comerciais. A Ryanair continuaria a voar a baixo custo para aeroportos de baixo custo, uma vez que a sua presença nas rotas teria uma procura suficiente, quer parcial quer total. (Uma vida em pleno voo - Alan Ruddock, 2008)

## ALARGAMENTO DA PEGADA

A Ryanair está a alargar a sua presença nos mercados europeus e espera aumentar a sua capacidade de passageiros em mais de 100 milhões de passageiros por ano até ao final de 2018. O acordo para a compra de 175 novos Boeing 737-800 permite vantagens de custo/preço no mercado europeu de aviação (Reuters-Online, 2013)

## SISTEMA DE GESTÃO DE RECEITAS
## MODELO DE TARIFAÇÃO DE VOOS

A Ryanair cobra as tarifas com base na procura de determinados voos, referindo-se ao período que falta para a data de partida, cobrando tarifas mais elevadas em voos com níveis de procura mais elevados e com reservas próximas das datas de partida. (Ryanair-Online, 2013)

## RYANAIR.COM

A Ryanair centra-se na gestão dos custos (redução) e a sua dependência da Ryanair.com é uma das principais razões para oferecer bilhetes mais baratos e uma maior comercialização, uma vez que os passageiros adaptam os seus bilhetes ao seu orçamento.

As reservas em linha ajudaram a reduzir o custo dos bilhetes, uma vez que o custo não inclui a comissão das agências de viagens

A Ryanair gera mais de 99% das suas receitas de Passageiros regulares através de vendas diretas no seu website. Receitas de serviços relacionados com a Internet, principalmente comissões recebidas de produtos vendidos em Ryanair.com ou websites associados.

A Ryanair lançou o seu sítio Web em 2000, onde as reservas em linha não eram consideradas parte importante do software que suportava o sítio.

## INOVAR A IDEIA DE NEGÓCIO - RECEITAS ACESSÓRIAS

Sendo padronizado na prestação de serviços de aviação, o modelo de companhia aérea low budget da Ryanair tem sido bem sucedido na flexibilização do orçamento para os passageiros.

Inovar a ideia de negócio, deixando de ser apenas uma companhia aérea e passando a ser uma empresa de transportes Ryanair (focada nas necessidades dos passageiros) A Ryanair não se concentra apenas na venda dos seus bilhetes de avião, mas também nas receitas provenientes de operações não regulares de voo, incluindo receitas provenientes de taxas de excesso de bagagem, venda de bilhetes de comboio e autocarro, seguros de viagem e aluguer de automóveis, entre outros serviços, incluindo Ryanair Travel Money, Ryanair Talk, Ryanair Hotels A empresa considera que o aumento das receitas acessórias resultará num aumento global dos passageiros reservados. (Ryanair-Online, 2013)

## REDUZIR AS DESPESAS GERAIS

Sendo uma companhia aérea sem frescuras, a Ryanair concentra-se em reduzir os seus custos gerais, fornecendo os serviços necessários durante o voo, pelo que o serviço prestado ao passageiro pode não ser o mesmo, como bebidas de cortesia, snacks, sistemas de entretenimento durante o voo, o que permitiu à Ryanair obter receitas com a venda destes serviços durante o voo.

Considerando que a Ryanair é criticada pela revista de consumidores *Holiday Which?* "como sendo a pior infratora na cobrança de extras opcionais" (Holiday Which? -Online, 2013)

## QUE OPERAM EM AEROPORTOS MENOS COMERCIAIS

O modelo de negócio low cost centra-se nos aeroportos menos comerciais, o que permite à companhia aérea tirar partido das suas próprias condições, como taxas de aterragem e de handling muito baixas, assistência financeira em campanhas de marketing e promoção. A companhia aérea jogou um aeroporto contra o outro e cansou-se de ameaçar, através da retirada do serviço, deslocar o avião para outro local, se o aeroporto não fizesse mais concessões. (Ryanair-Online, 2013)

## NORMALIZAÇÃO DA FROTA

Como todos os aviões são 737-800 com a mesma capacidade, o planeamento da substituição da manutenção (como os aviões são personalizados para uma limpeza rápida e fácil, é criado mais espaço) e o desconto na compra a granel (Poupança de capital na compra do avião) reduziram a rotatividade dos funcionários, que podem ser rodados em qualquer lugar sem qualquer problema ou qualquer pessoa pode ser substituída. (The EconomistOnline, 2013)

## UTILIZAÇÃO DA CAPACIDADE

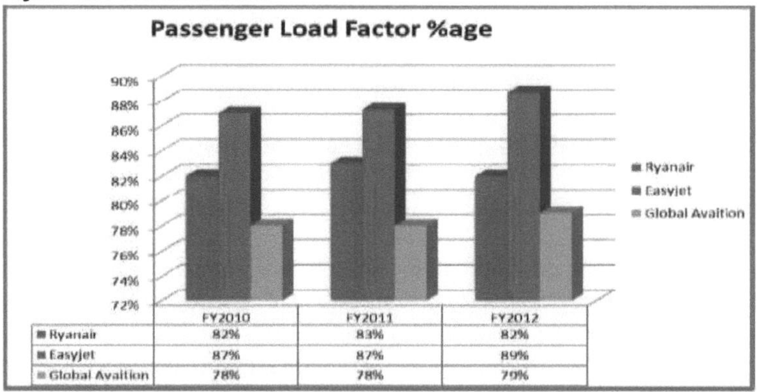


(Relatório Anual - Retificação 2010, 2011 e 2012)

Os valores do fator de carga mostram a predominância em termos de percentagem, mas isso deve-se ao número de aviões
A Easyjet tem menos de metade da Ryanair. (Relatório anual 2010 2011 & 2012)

## MODELO PONTO-A-PONTO
A Ryanair opera num modelo ponto a ponto, o que significa que o passageiro não é obrigado a mudar de avião para chegar ao seu destino, o voo aterra diretamente no destino (voos de curta distância). (Aviation Glossary-Online, 2013)

## ESTRATÉGIAS GENÉRICAS DE SÍNTESE-PORTER
A julgar pela discussão acima mencionada, concluímos que a empresa está a centrar-se na estratégia de liderança de custos com um amplo foco no mercado, tal como descrito por Porter no seu modelo de estratégia genérica (livro de texto BPP, 2010). A utilização de preços predatórios permite maximizar a utilização dos recursos disponíveis, o que aponta para uma eficiência permitida. Combinando os dois, tem-se uma companhia aérea que é comprovadamente eficiente. (Grant, 2002).
Por conseguinte, uma fonte de vantagem competitiva determina a companhia aérea e a sua capacidade de praticar preços predatórios e operar através de uma base operacional de baixo custo, inovando fortemente com base em sistemas em linha baseados na Internet e no seu sistema interno de gestão de receitas.

## ESTRUTURA DO SECTOR - FONTE DE VANTAGEM COMPETITIVA
Muitas vezes, a estrutura do sector pode ser uma fonte de vantagem competitiva. A Análise das Cinco Forças de Porter é um proxy para determinar o que impulsiona a estrutura da indústria e se a mesma pode ser uma fonte de vantagem competitiva para empresas concorrentes (BPP, 2010).

| Porter's 5 Forces | |
|---|---|
| **Degree of Rivalry**<br><br>( High ) | The degree of rivalry in the pan European airline market has significantly increased as the low cost business model is succeeding as a result of increasing number of passenger travelling in the economy class and more airlines are focusing on this business model. This has also led to consolidation in the industry with BA merging with Iberia to compete in Europe. (OAGavation-Online, 2013) |
| **Threat of New Entry**<br><br>( Low ) | Threat of new entrants is low given the dynamics of the economic situation of Europe and the cut throat competition between established players for an increasingly small share of the same pie. (Centre for Aviation-Online, 2013) |
| **Buyer Power**<br><br>( High ) | Due to the economic recession, passengers have switched to focusing on cheaper fares with the range of available choices from legacy to budget carriers only reinforcing their buying behaviour. (Centre for Aviation-Online, 2013) |
| **Supplier Power**<br><br>( High ) | Supplier power remains high on account of the airline industry being a price taker as far as jet fuel goes. However, some airlines have greater sway over air plane manufacturers and / or airports due to size of operations / orders. (Reuters-Online, 2013) |

| Threat of Substitute Products<br><br>( MEDIUM ) | Due to an excellent rail and road network in Europe, the threat of substitutes is high. However, time constraints continue to leverage the airline industry's dominance in inter-continental travel. (OAGavation-Online, 2013) |
| --- | --- |

## ANÁLISE DA CONCORRÊNCIA
### EASYJET

A Easy jet faz parte do grupo Easy, criado em 1995 pelo empresário cipriota Stelios Haji-Ioannou, com dois Boeing 737-200 alugados com tripulação, sediados em Londres, luton, iniciando apenas duas rotas e voando para a sua primeira rota internacional para Amesterdão.

Atualmente, a Easyjet é a maior companhia aérea do Reino Unido, em número de passageiros e 2nd maior companhia aérea de baixo custo da Europa depois da Ryanair, operando atualmente em 30 países com voos regulares para mais de 600 rotas domésticas e internacionais. Voar para aeroportos primários é, de facto, um forte ponto positivo para a Easyjet enquanto transportadora de baixo custo.

## CONCORRÊNCIA (ACIRRADA) COM ECONOMIA DESFAVORECIDA

A companhia aérea teve, de facto, uma enorme expansão desde o seu lançamento, mas a depressão europeia afectou todas as empresas, assim como a Easyjet, apesar da contração da economia, a Easyjet apresentou resultados lucrativos. O lucro líquido da Easyjet (AF 2012) foi de 255 milhões de dólares, sendo a percentagem de lucro líquido de 4,19%, o que representa uma descida em relação ao ano anterior (AF 2011) de 6,52%

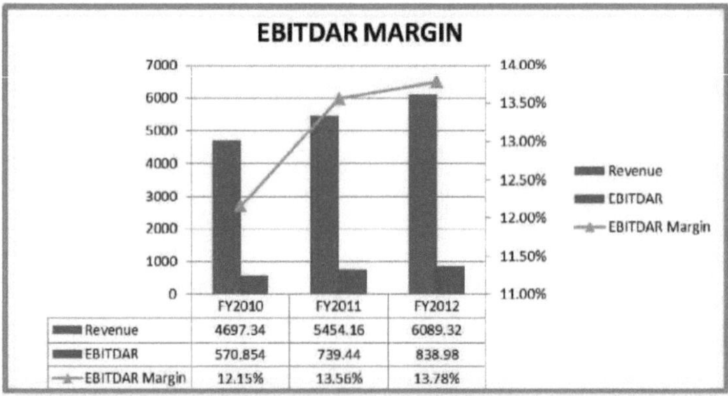


| | FY2010 | FY2011 | FY2012 |
| --- | --- | --- | --- |
| Revenue | 4697.34 | 5454.16 | 6089.32 |
| EBITDAR | 570.854 | 739.44 | 838.98 |
| EBITDAR Margin | 12.15% | 13.56% | 13.78% |

(Relatório anual da Easyjet - Retificação 2010, 2011&2012)
O EBITAR MARGIN lembrou lento e constante como era 13,16% em média no ano fiscal 20102012, o crescimento da receita de fato foi significativo como nenhum efeito da economia deprimida sobre a receita em uma média a receita foi de US $ 5.413,61 milhões no ano fiscal de 2010-12.

## RELAÇÃO ENTRE RECEITAS E CUSTO DO COMBUSTÍVEL

A economia, de facto, está a fugir, mas ainda assim o combustível tem o seu impacto sobre o desempenho da empresa, uma vez que o custo do combustível para (FY 2012) £ 1.149 milhões (US $ 1.815 milhões), que aumentou em relação ao anterior (FY 2011) £ 917 milhões (US $ 1.449 milhões), este impacto é, de facto, acumula cobertura de combustível.

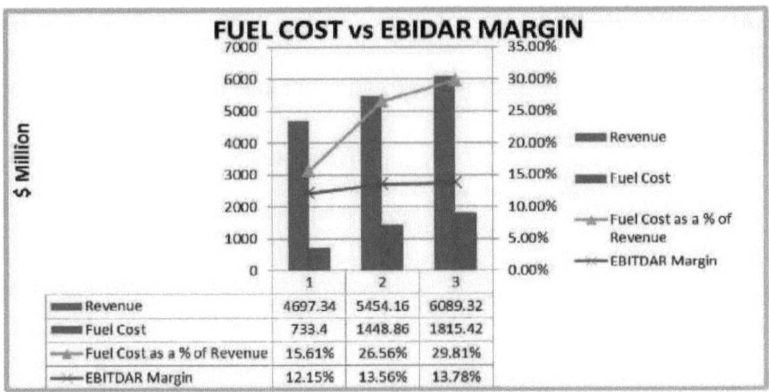


| | 1 | 2 | 3 |
|---|---|---|---|
| Revenue | 4697.34 | 5454.16 | 6089.32 |
| Fuel Cost | 733.4 | 1448.86 | 1815.42 |
| Fuel Cost as a % of Revenue | 15.61% | 26.56% | 29.81% |
| EBITDAR Margin | 12.15% | 13.56% | 13.78% |

(Relatório anual da Easyjet - Retificação 2010, 2011&2012)

Para a Easyjet, a principal razão para a flutuação dos custos deveu-se aos preços dos combustíveis; durante o período em que os preços dos combustíveis atingiram níveis recorde (o custo dos combustíveis - % das receitas foi de 24% em média no exercício de 2010-12), com um aumento de 12,24% em relação ao exercício anterior de 2011.

A Easyjet manteve a sua margem EBITDAR no exercício de 2010-2012, sem qualquer flutuação significativa na margem EBITDAR, compensando o impacto da flutuação dos preços dos combustíveis.

## RECEITA PASSAGEIRA MILHA / ASSENTO MÉDIO MILHA

Como a companhia aérea de baixo orçamento está em ascensão, portanto, o nível de ocupação, a Easyjet mostra que os passageiros estão absorvidos 58 milhões de passageiros viajaram no ano fiscal de 2012 como a companhia aérea proporcionando flexibilidade de viagem favorável a carga de passageiros reservados foi de 89% aumentou 1,6% em relação ao ano fiscal anterior 2011, o fator de carga média de passageiros no ano fiscal de 2010-12 foi de 88%.

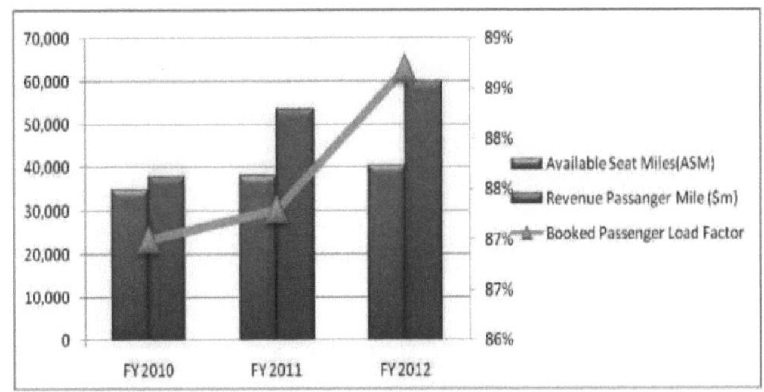


(Relatório anual da Easyjet - Retificação 2010, 2011&2012)

No ano fiscal de 2012, a receita de passageiros por milha (RPM) cresceu 6% em relação ao ano fiscal anterior de 2011, a RPM média no ano fiscal de 2010-12 foi de 37 842 milhões de dólares, o que prova a capacidade competitiva da Easy Jet, que produz resultados significativos ao longo dos anos.

## CONCLUSÃO E RECOMENDAÇÃO
## CONCLUSÕES:

As conclusões do meu trabalho de projeto são apresentadas a seguir sob a forma de uma análise SWOT:

| Strength | Weakness |
|---|---|
| • Europe's leading low fare airline<br><br>• EU Enlargement leading to expansion of potential market for Ryanair<br><br>• Internet Utilization ( Ryanair Generates 99% of Revenue & 100% Booking via Ryanair.com)<br><br>• Destination which other airlines don't offer (Secondary airport might seem very attractive to passenger in cases where it's their home town or holiday destination)<br><br>• Ryanair has an average fare is less than half of competitor Easyjet.<br><br>• Seat occupancy up to 82% | o Website (Not a user friendly website 'to many options' confusing)<br><br>o No frills (Uncomfortable No privileged class Inflexible)<br><br>o Not focused on passenger in-flight services Comfort<br><br>o Optional Extra's (Passenger have to pay for inflight services )<br><br>o Check in Luggage Charges<br><br>o Less Commercial Airport's (Are outside the City )<br><br>o Not family friendly<br><br>o Lacking Staff motivation ( Most staff are contracted staff) |

| Threats | Opportunities |
|---|---|
| • Limited to economy class only<br><br>• Focusing on UK market only<br><br>• High Taxes in the European Region<br><br>• EU regulations on aviation and emission<br><br>• Market consolidation, competition (Airlines forming Alliance Groups Mergers) | o EU downturn and recessionary pressure contributing to an ideal situation for Ryanair Growth low-cost model.<br><br>o Passenger migrating from Premium Class to Economy class (Ryanair only focuses on Economy Class)<br><br>o Footprint Enlargement (Ryanair placing order for 175 Boeing 737-800 leading airline to increase its capacity and foot |
| • Maintains Cost (Indeed airline industry require an immense network to keep its fleet performing at its best the expansion in Ryanair did require greater amount of investment) | print in Europe) |

- **Fluctuation in Fuel Prices (Ryanair hedged about 90% of its fuel but it's uncontrollable especially it's the integral part of fix cost )**

## <u>RECOMENDAÇÕES:</u>

Quanto mais baixa for a base de custos, mais eficiente será a companhia aérea e maior será a sua capacidade de absorver pressões de custos fora do seu controlo. Ao mesmo tempo, as companhias aéreas devem compreender que qualquer lugar não vendido implica uma perda permanente de produção e de receitas (Grant, 2002). A Ryanair já o provou, utilizando todos os recursos e oportunidades disponíveis no Spot.

Quanto mais se tem sucesso, mais cauteloso se deve ser, pois o impacto do mais pequeno incidente seria enorme, uma vez que o mercado e os regulamentos da UE estão a ser endurecidos para a indústria da aviação. A Ryanair precisa de se concentrar mais na motivação dos seus funcionários, uma vez que o regulamento laboral da UE pode acender uma luz vermelha para a companhia aérea e para os direitos dos clientes, pois estes são elementos-chave para qualquer organização de serviços como a Ryanair.

Para finalizar, o principal fator de diferenciação entre a empresa e os restantes intervenientes no sector da aviação europeia é o seu posicionamento estratégico como transportadora que visava especificamente um mercado que procurava viagens aéreas baratas e que, ao mesmo tempo, se estabeleceu como produtor de baixo custo, provando-o contra todas as probabilidades.

# Future of Sky-Business Ryanair

A Financial and Business Analysis
of Ryanair Holding plc for the
three year period ended March
31th 2013

## Subject Case: Easyjet

**Key Factor's**

- Easyjet is a part of the Easy-Group plc.
- UK's Largest Airline & $2^{nd}$ Largest Low Fare Airline in Europe
- Flying to Primary Airports
- Youngest fleet of Airbus A-320
- Flying to 134 Destination's with 190 Aircraft's
- 23 Bases in Europe
- Online Booking in up to 98%

# Subject Case: Ryanair
### "Low cost **always** wins" Ryanair CEO Mr. O'Leary's

| Key Factor's |
| --- |
| • Ryanair is part of Ryanair Holding plc |
| • Leading Low fare Airline in Europe |
| • The world's greenest, cleanest airline |
| • Flying to Secondary Airports |
| • More than 173 Destination with 305 Aircraft's |
| • Youngest Fleet of Boeing 737 |
| • 39 Bases in Europe |
| • Online booking and check in 100%. |

# Project Objectives

- Undertake a business & Financial analysis of Ryanair for the three year period ended 31$^{st}$ March 2012.

- Make Conclusions and Recommend Accordingly for wider public benefit.

# Information Gathering

- Primary Sources – Aviation Industry Professional's.

- Secondary Sources – Financial Statement, Corporate Publications, books & Journalistic coverage / Press reports.

- Online sources – Corporate websites, web resources of regulatory authorities, Press reports, books ,blogs& Journalistic coverage.

- Ethical dimension of research – Ensuring fairness and professionalism.

# Business Analysis Tools Utilized & Limitations

| Tools Utilized | Limitations |
|---|---|
| - Global & Regional Economic Review<br><br>- Aviation Industry Review<br><br>- Porter Five Forces Analysis<br><br>- Business Strategy Analysis – Porter's Generic Strategies<br><br>- SWOT Analysis | - High level of subjectivity involved for all elements of business analysis. Outputs as good as inputs so necessary applicant remains objective and unbiased.<br><br>- Five Forces analysis assumes just 5 forces impacting industry structure. Traditionally used for understanding competitive advantages available. Conflicts with resource based view that internal equities can also generate competitive advantages.<br><br>- Predictive power of SWOT analysis is limited. Analysts have to make their own interpretation. |

## Business Analysis Tools Utilized & Limitations

| Tools Utilized | Limitations |
| --- | --- |
| • Financial analysis over time using horizontal analysis techniques across key areas of profitability, liquidity, leverage and cash flow.<br><br>• Financial analysis using ratio analysis techniques across key areas of profitability, liquidity, leverage and aviation specific.<br><br>• Comparator Analysis | • Useless unless compared over time and / or with competitor.<br><br>• Important for analyst to have an in-depth knowledge of the industry in order to make sense of the numbers/ratios from a business sense.<br><br>• Important for analyst to differentiate between absolute and relative estimates. |

# The Economy

| Global Economy | Local Economy |
| --- | --- |
| • Global Economy showing uncertainty in many scenarios<br>• Rising trend on account of global recovery & political uncertainty regarding reliability of oil supplies<br>• Subdued recovery in the USA & UK<br>• Subdued recovery in the USA & UK | • European debt crisis<br>• EU Regulations getting more stringent i.e. Aviation industry, Emission, hush kick<br>• European Union growing uncertainty<br>• Weakening currency<br>• Rising inflation |

## Changing Passenger Pattern  as Economy take Shift's

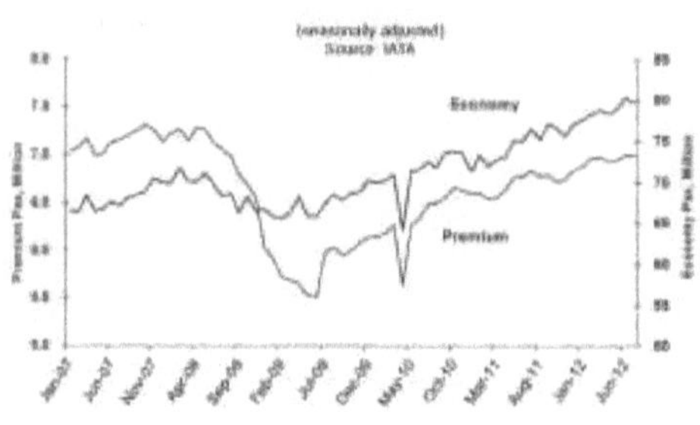


·As the economical uncertainty strengthens Passenger becoming price sensitive

· This make an ideal win-win situation for Low fare Airline i.e.

· Ryanair as it has only Economy class seats

· Hence become a more preferred Airline for frequent traveler (travelling lights ) at a low fare

· About 40% of the Ryanair passenger are Business Travelers



# Aviation Industry

| Globally | Locally |
|---|---|
| • The Global Aviation Industry is under significant (Mergers Alliance & Groups).<br><br>• Fuel Prices has declined so as the Economy which is more alarming. | • Merger in Europe are significant, Globally the market in under consolidation.<br><br>• European industry suffer greater impact both of the declining economy and high taxes. |

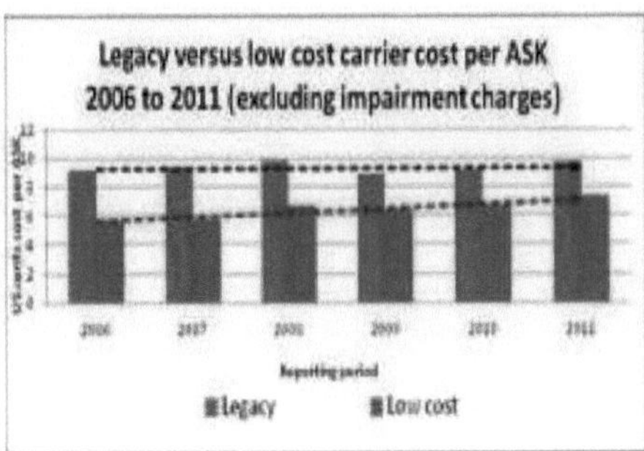



"The airline sector is in flux like never before and the old categories of 'legacy' vs. 'low cost' are becoming increasingly blurred. The concept of customer loyalty to a brand is becoming obsolete as the service now being offered by low cost and legacy carriers is more or less the same. Price has become the key factor for customers when it comes to choosing a short haul flight." **James Stamp, Partner at KPMG's Global Aviation Team comments**

# Market Share Analysis

- Europe economic downturn and recessionary pressure lead to and ideal situation for Ryanair.

- Ryanair Ranked #1 in term of international scheduled passengers in 2011.

- Combined market share in for Ryanair &Easyjet Europe is currently 18.1%.

- Europe's biggest airline, Lufthansa having market share of 14.6% during the winter season.

- Ryanair currently carrier 79million passenger seeking growth to 120m passengers a year over the next decade.

# Revenue Trend Analysis

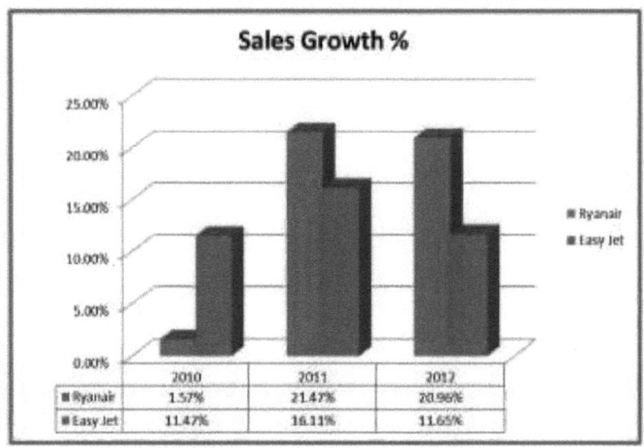



# Ryanair Operating Performance

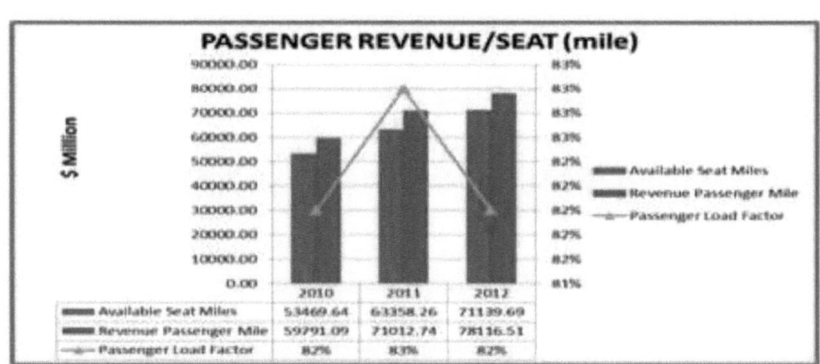

# Ryanair Operating Performance

- Ryanair is growing its Revenue's in contrast to it's Customer base at an average rate of 14.64% for FY 2010-12.

- Average Available Seat Mile growth in for FY2010-12 was 14.77% with Passenger Load Factor remained stable at 82%.

- Average Revenue Passenger Mile was 14.39% for FY 2010-2012 with number of passenger growing at 9.01%.

# Ryanair Operating Performance

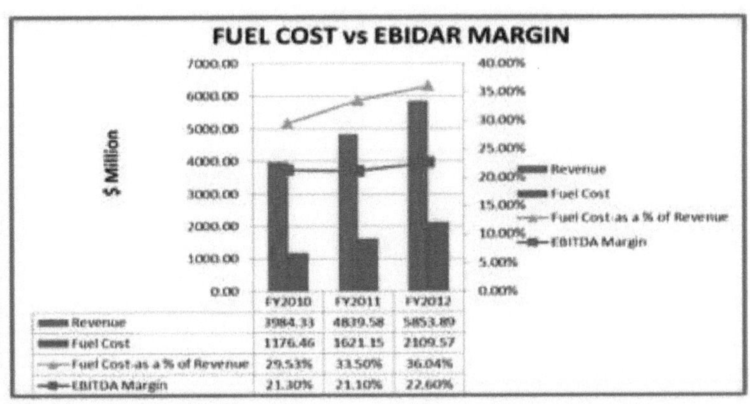


| | FY2010 | FY2011 | FY2012 |
|---|---|---|---|
| Revenue | 3984.33 | 4839.58 | 5853.89 |
| Fuel Cost | 1176.46 | 1621.15 | 2109.57 |
| Fuel Cost as a % of Revenue | 29.53% | 33.50% | 36.04% |
| EBITDA Margin | 21.30% | 21.10% | 22.60% |

# Easyjet Operating Performance

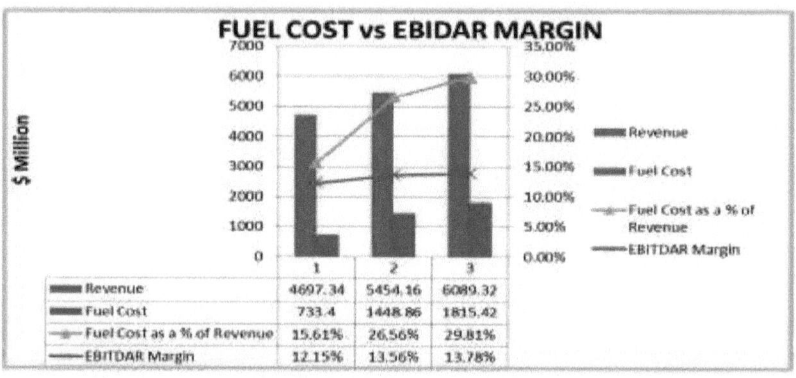



| | 1 | 2 | 3 |
|---|---|---|---|
| Revenue | 4697.34 | 5454.16 | 6089.32 |
| Fuel Cost | 733.4 | 1448.86 | 1815.42 |
| Fuel Cost as a % of Revenue | 15.61% | 26.56% | 29.81% |
| EBITDAR Margin | 12.15% | 13.56% | 13.78% |

# FUEL COST vs. EBIDAR MARGIN

| Ryanair Holding Plc | Easyjet Plc |
|---|---|
| • The EBITDAR Margin being stable for the FY 2010-12 with an average growth of 21.67%. | • The EBITDAR Margin is on steady growth 13.16% for FY 2010-12. |
| • Fuel cost was average at 33.02% of total expenses for FY 2010-12. | • Fuel cost a major element of fluctuation for Easyjet growing about 23.99% for FY 2010-12. |
| • The NPM for FY 2010-12 showed the resilience growing at 11.10%. | • The Revenue growing in effective manner whereas, NPM figure growing at 5.73%. |

# Porter Five Forces Analysis

- Degree of Rivalry 

- Threat of New Entrants 

- Threat of Substitute Products 

- Buyer Power 

- Supplier Power 

# Business Strategy Decomposed Ryanair

- COST

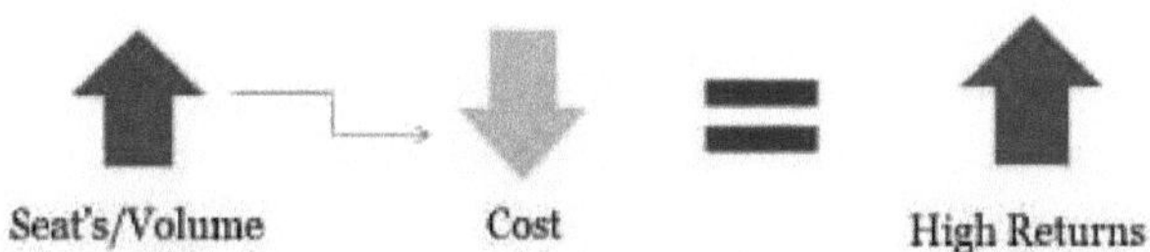


**Identifies with Porters Cost Leadership Strategy**

# SWOT Analysis

- Strengths – Low fare, Online Booking ,Economy class , Single Aircraft type.

- Weaknesses – Not a user friendly website ,No frills, Optional Extra's , Airport's away from city.

- Threats –Focused to UK ,High Taxes, EU Regulations, Market consolidation , competition.
  ( Airlines forming Alliance Groups Mergers )

- Opportunities –EU downturn and recessionary pressure contributing to an ideal situation.

# Ending Note

- **Conclusions** –As Europe Recessionary pressure growing and passenger becoming price sensitive make ideal scenario for low cost airlines such as Ryanair & Easyjet
- Ryanair expansion plan has made it certain its footprint would grow in Europe as its focuses more on bottom line.

  "Low cost always wins" Ryanair CEO Mr. O'Leary's

- **Recommendations** –Ryanair must focus on satisfying both passenger and the staff motivation.Because this make Ryanair "Who it is" beside its accomplishment of being the most resilient Airline in European downturn.

# THE END

# CAPÍTULO 5

# Ryanair - Financial Analysis

| Analysis Sheet | | | | |
|---|---|---|---|---|
| Year(s) | | **2010** | **2011** | **2012** |
| Income Statement | | | | |
| | | | | **$ Million** |
| Sales | | 3,984.33 | 4,840 | 5,854 |
| EBITDA | | 850 | 1,021 | 1,323 |
| Operating Profit | | 536 | 651 | 911 |
| Total Operating Expenses | | 3,448 | 4,189 | 4,943 |
| Other Expenses | | -81 | -90 | -67 |
| Net Profit | | 407.09 | 499 | 747 |
| | **Profitability Ratio's** | | | |
| EBITDA Margin | % | 21.33% | 21.10% | 22.60% |
| Operating Margin | % | 13.46% | 13.45% | 15.56% |
| Net Profit Margin | % | 10.22% | 10.32% | 12.76% |
| Statement of Financial Position | | | | |
| Non-Current Assets | | 6,000 | 6,825 | 6,834 |
| Current Assets | | 4,085 | 4,637 | 5,168 |
| Current Liabilities | | 2,066 | 2,450 | 2,420 |
| Non-Current Liabilities | | 4,220 | 5,073 | 5,173 |
| Equity | | 3,798 | 3,939 | 4,409 |
| Ratio Analysis | | | | |
| Cash Conversion Cycle | Days | 0.00 | 0.00 | 0.00 |
| Debt to Equity | Times | 1.66 | 1.91 | 1.72 |

| Ratio | | | | |
|---|---|---|---|---|
| Net Profit Margin | % | 10.22% | 10.32% | 12.76% |
| Asset Turnover | Times | 0.40 | 0.42 | 0.49 |
| Financial Leverage | Times | 2.66 | 2.91 | 2.72 |
| Return on Equity | % | 10.72% | 12.68% | 16.95% |
| **Cash Flow** | | | | |
| CFO | | - | 533 | 1,267 |
| CFI | | -19 | 102 | -1,113 |
| CFF | | 19 | -630 | -157 |
| Net Cash Flow | | - | 5.47 | 2.80 |
| | | | | |
| Earnings Per Share | $'cent | 28 | 34 | 51 |
| **Various Elements of Passenger and Revenue (Measure's)** | | | | |
| Passenger Yield | | 5.18% | 5.31% | 5.98% |
| Available seat miles(ASM) | | 53,470 | 63,358 | 71,140 |
| Revenue Passenger Mile | | 59,791 | 71,013 | 78,117 |
| Passengers (millions) | | 67 | 72 | 76 |
| Passenger Revenue ($) | | 3,099 | 3,771 | 4,672 |
| No of Planes | | 232 | 272 | 294 |
| Booked Passenger Load Factor | | 82% | 83% | 82% |
| **Acclaimer Revenue** | | | | |
| Non-flight Scheduled | | 658 | 766 | 861 |
| In-flight Sales. | | 115 | 134 | 143 |
| Internet-related. | | 111 | 169 | 178 |
| Total | $'million | 885 | 1,069 | 1,182 |
| | | | | |
| **Fuel** | | | | |
| Average Fuel Cost per | | 2.02 | 2.34 | 2.77 |
| U.S. Gallon | | | | |
| Scheduled fuel consumption | | 583 | 692 | 763 |
| (millions of U.S. | | | | |
| gallons) | | | | |
| Total scheduled fuel costs | | 1,176 | 1,621 | 2,110 |
| Cost per U.S. gallon | | 2 | 2 | 3 |
| | | | | |

| Financial Obligations | | | | |
| --- | --- | --- | --- | --- |
| Contractual Obligations | Total | Less than 1 | 1-2 years | 2-5 years |
| Operating Lease Obligations | 807.90706 | 156 | 66 | 371 |
| Long-term Debt | 3759.12128 | 423 | 437 | 1,286 |
| Finance Lease Obligations | 1074.7204 | 68 | 71 | 307 |
| Fuel and oil | | 1,192 | 1,637 | 2,126 |
| Fuel and oil consumption per customer ($) | | 18 | 23 | 28 |
| | | | | |
| Dollar amounts are translated from euro solely for convenience at the Federal Reserve Rate on March 31, 2012, of | | | | |
| €1.00 = $1.3334 or $1.00 = €0.7499. | | | | |

## EasyJet - Financial Analysis

| Analysis Sheet | | 2010 | 2011 | 2012 |
| --- | --- | --- | --- | --- |
| Income Statement | | | | |
| | | | | $ Million |
| Sales | | 4,697 | 5454.16 | 6089.32 |
| EBITDA | | 570 | 739 | 838.98 |
| Operating Profit | | 275 | 425 | 522.98 |
| Net Profit | | 191 | 356 | 402.9 |
| | | | | |
| | Profitability Ratio's | | | |
| Operating Margin | % | 5.85% | 7.79% | 8.59% |
| EBITDA Margin | % | 12.15% | 13.56% | 13.78% |
| Net Profit Margin | % | 4.07% | 6.52% | 6.62% |
| Finance Costs | | -21 | -24 | -24 |
| | | | | |
| | Statement of Financial Position | | | |
| Non-Current Assets | | 3,931 | 4,315 | 4,689 |
| | | | | |
| Current Assets | | 2,278 | 2,746 | 2,097 |

| | | | | | |
|---|---|---|---|---|---|
| Current Liabilities | | 1,682 | 1,860 | 1,997 | |
| Non-Current Liabilities | | 2,271 | 2,507 | 1,954 | |
| Equity | | 2,256 | 2,694 | 2,835 | |

| Ratio Analysis | | | | | |
|---|---|---|---|---|---|
| Debt to Equity Ratio | Times | 1.75 | 1.62 | 1.39 | |
| Net Profit Margin | % | 4.07% | 6.52% | 6.62% | |
| Asset Turnover | Times | 0.76 | 0.77 | 0.90 | |
| Financial Leverage | Times | 2.75 | 2.62 | 2.39 | |
| Return on Equity | % | 8.47% | 13.20% | 14.21% | |

| Cash Flow | | | | | |
|---|---|---|---|---|---|
| CFO | | 573.54 | 669.92 | 412.38 | |
| CFI | | -761.56 | -755.24 | -614.62 | |
| CFF | | 368.14 | 388.68 | -488.22 | |
| Net Cash Flow | | 1,440.96 | 1,738.00 | 1,019.10 | |
| Earnings Per Share | $'cent | 44.872 | 82.95 | | 98.75 |

| Various Elements of Passenger and Revenue(Measure's) | | | | | |
|---|---|---|---|---|---|
| Passenger Yield | | 40.56% | 39.73% | 39.18% | |
| Revenue Passenger Mile | | 34,876 | 38,119 | 40,530 | |
| Passengers (millions) | | 49 | 55 | 58 | |
| Passengers Revenue ($) | | 3795.16 | 5,355 | 5994.52 | |
| No of Planes | | 196 | 204 | 214 | |
| Booked Passenger Load Factor | | 87% | 87% | 89% | |
| Cost per seat $ | | 80 | 81 | 84 | |
| Average Fuel Cost per(Seat) $ | | 21 | 23 | 28 | |
| Fuel | | -1158.1 | -1,449 | -1,815 | |

| | | | | | |
|---|---|---|---|---|---|
| Dollar amounts are translated from Pound Sterling on Average Rate $ rate used for hedging | | | | | |
| £1.00 = $1.58 | | | | | |

# CAPÍTULO 6

## LISTA DE REFERÊNCIAS


| List of References |
| --- |

**1. Books & Publications:**

Ryanair Holding plc. (2010) *Annual Report 2010*. Final: Ryanair Holding plc.

Ryanair Holding plc. (2011) *Annual Report 2011*. Fingal: Ryanair Holding plc.

Ryanair Holding plc. (2012) *Annual Report 2012*. Fingal: Ryanair Holding plc.

BPP. (2011) *ACCA Paper P3: Business Analysis*. London: BPP Learning Media.

BPP. (2010) *ACCA Paper F7: Financial Reporting & Analysis*. London: BPP Learning Media.

Grant, Susan (2002). *Stanlake's Introductory Economics*. London: Longman.

**Ruddock ,Alan . (2008). Michael O'Leary "A Life in Full Flight":London: Penguin Books**

**Easyjet Plc. (2010)** *Annual Report 2010*. **Luton: Easyjet Plc .**

**Easyjet Plc. (2011)** *Annual Report 2011*. **Luton: Easyjet Plc .**

**Easyjet Plc. (2012)** *Annual Report 2012*. **Luton: Easyjet Plc .**

Schweser (2011) *CFA Level One: Financial Statement Analysis*. London: Kaplan.

**2. Online Sources:**

International Air Transport Association (2013). *Publications* [Online]. IATA. Retrieved from:

http//: www.iata.org  [Accessed 26th March 2013]

OAG Aviation (2013) *Industry sector, OAG database statistics* [Online]. OAG Aviation.
 Retrieved from:

http//: www.oagaviation.com/ [Accessed 20th March 2013]


Ryanair Holding plc. (2013) *All Relevant Sections*. [Online]: Ryanair Holding plc.
. Retrieved from:

http//: www.ryanair.com  [Accessed 15th March 2013]


Centre for Aviation (2013) *CAPA Analysis, Aviation Data, Aviation News* [Online]. Centre for Aviation.
Retrieved from:

http:// www.centreforaviation.com [Accessed 20th March 2013]

Easyjet Plc. (2013) *All Relevant Sections*. [Online]: Easyjet Plc.
Retrieved from:

http// www.easyjet.com  [Accessed 15th March 2013]

KPMG Staff Distinction between low cost and legacy airline increasingly irrelevant [Online], KPMG Audit Plc. (2013)
Retrieved from:
http://www.kpmg.com/uk/en/issuesandinsights/articlespublications/newsreleases/pages/low-cost-vs-legacy-airlines-distinction-between-the-two-increasingly-irrelevant-says-kpmg.aspx [Accessed 17th March 2013]

London South East (2013) Share Price Section [Online]: London South East
Retrieved from:
http:// www.lse.co.uk/ShareChart.asp?sharechart=RYA [March 15th Accessed 2013]

London Stock Exchange Group plc. (2013) Share Prices Section [Online].Retrieved from:
http:// www.londonstockexchange.com/ [Accessed 11th March 2013]

Index Mundi (2013) Jet Fuel Price [Online] : Index Mundi. [Online]
Retrieved from:
http:// www.indexmundi.com [Accessed 11th March 2013]

Reserachmarkets(2013) Ryanair: The World's Leading Low-Cost Airline[Online] Reserachmarkets
Retrieved from:
http:// www.researchandmarkets.com/research/9pfqrm/ryanair_the_world [Accessed 29th March 2013]

NESDAQ (2013) Ryanair Holding Plc. –Analyst Summery [Online]: NESDAQ Stock Exchange
Retrieved from:
http:// www.nasdaq.com/symbol/ryaay/analyst-research [Accessed 29th March 2013]

Investopedia(2013) Definition and Terms Section [Online]: Investopedia Staff
http:// www.investopedia.com/terms/e/ebitda-margin.asp [Accessed 25th March 2013]

Businessdictionary(2013) Definition and Terms Section [Online]: Businessdictionary Staff
**http://** www.businessdictionary.com/definition/EBITDA-margin.html#ixzz2ToygRzXw
[Accessed 25th March 2013]


*3. Press Reports & Journalistic Coverage:*


Dawn Press Reports. 2008 - 2012


The Economist Press Reports 2010 - 2013


The Reuters[Online]   2010 -2013


The Wall Street Journal Press Reports 2010 to 2013

Forbes     [Online]     2010-2013
Mirror     [Online]     2012-2013
The Guardian[Online]  2012-2013


**4. Blogs**


[Online]: **http://** ryanairdontcarecrew.blogspot.com/2012/01/why-it-all-startedhow-far-would-you-go.html
[Accessed 23th March 2013]

[Online]: **http://** ryanairdontcarecrew.blogspot.com/2011/05/crewlink-ryanair-cabin-crew-training.html
[Accessed 23th March 2013]

[Online]: http:// ryanairdontcarecrew.blogspot.com/2012/01/ryanairscammerspprunepresent-ryanair.html
[Accessed 23th March 2013]

Online]: http:// www.liverpoolecho.co.uk/liverpool-news/local-news/2010/02/09/man-s-rooftop-protest-against-ryanair-on-top-of-speke-s-crowne-plaza-hotel-100252-25798364/
[Accessed 25th March 2013]


[Online]: **https://** www.boundless.com/management/strategic-management/external-inputs-to-strategy/limitations-five-forces-view/

[Accessed 15th April 2013]

[Online]: http://mundodelaempresa.blogspot.com/2012/12/empresas-ryanairs-low-cost-flights-in.html
[Accessed 25th March 2013]

[Online]: http://ryanairdontcarecrew.blogspot.com/2011/08/john-lennon-airport-roof-top-protest.html
[Accessed 23th March 2013]

Buy your books fast and straightforward online - at one of world's fastest growing online book stores! Environmentally sound due to Print-on-Demand technologies.

Buy your books online at
**www.morebooks.shop**

Compre os seus livros mais rápido e diretamente na internet, em uma das livrarias on-line com o maior crescimento no mundo! Produção que protege o meio ambiente através das tecnologias de impressão sob demanda.

Compre os seus livros on-line em
**www.morebooks.shop**

Printed by Books on Demand GmbH, Norderstedt / Germany